THÉORIE

DE

L'ORIGINE DES MONTAGNES,

Et de l'accrétion quotidienne de la masse solide du Globe, avec des conjectures sur la cause des subversions qu'il a éprouvées;

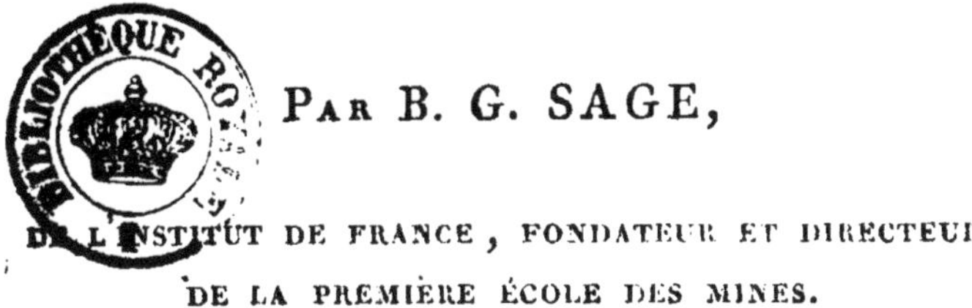

Par B. G. SAGE,

DE L'INSTITUT DE FRANCE, FONDATEUR ET DIRECTEUR DE LA PREMIÈRE ÉCOLE DES MINES.

Rerum enim Natura sacra sua non simul tradit; initiatos nos credimus, in vestibulo ejus hæremus.

Sénèque.

A PARIS,

DE L'IMPRIMERIE DE HENRI AGASSE,

RUE DES POITEVINS, N°. 14.

1809.

THÉORIE
DE
L'ORIGINE DES MONTAGNES,

Et de l'accrétion quotidienne de la masse solide du Globe, avec des conjectures sur la cause des subversions qu'il a éprouvées.

La Nature n'a dévoilé une partie de ses mystères qu'à très-peu d'hommes qu'elle a doués d'une perspicacité étonnante, tels que les Copernic (1), les Ticho-Brahé, les Galilée, les Keppler, les Descartes, les Newton, dont le génie a découvert l'harmonie des corps célestes et calculé leur marche, tandis que Torricelli, Otto de Guerick, Pascal, Schéel et Priestley

---

(1) Copernic, né à Thorn en 1473.

Ticho-Brahé, né en Danemarck en 1546.

Galilée, né à Pise en 1564.

Keppler, né à Weil en 1571.

Newton, né à Wolstrop, dans la province de Lincoln, en 1642.

faisaient connaître la pesanteur de l'air, sa nature et ses propriétés.

Les physiciens qui ont donné des systèmes sur la formation du Globe, ont été moins heureux. Buffon dit qu'il doit son origine au feu ; d'autres l'attribuent à l'eau. Pour moi, je pense que la puissance de la Nature est telle, qu'elle a pu donner naissance, dans le même instant, à tous les mondes et à tous les êtres qui s'y trouvent. Il est à présumer que tous les êtres organisés, tels que les animaux et les végétaux, ont été procréés dans leur état de vigueur ; et si l'on pouvait supposer que tout le Globe, et ce qui est sur sa surface, ait eu une génération progressive, la Terre devrait être considérée comme la première production, puisqu'elle était destinée à contenir les eaux, celles-ci à renfermer les poissons, tandis que la partie de la Terre qui était découverte, devait servir à la végétation, au séjour de l'homme et aux repaires des animaux.

Mais comment donner une théorie plausible de la formation de la Terre, qui est hérissée de montagnes dont les hauteurs sont plus ou moins grandes ?

Le Chimboraço, dans les Cordilières, est élevé de trois mille deux cent vingt toises au dessus du niveau de la mer (1). Il est impossible d'imaginer qu'il puisse s'être formé dans les eaux, puisqu'à quatorze cents toises d'élévation le froid est si considérable, que l'eau s'y congèle ; elle n'a donc pu s'élever à trois mille deux cent vingt toises.

Il est à présumer que la Nature a donné, aux différens gaz, une force d'attraction telle qu'ils se sont combinés pour donner naissance à ces masses pierreuses et métalliques qui forment une partie du Globe ; elle nous en offre un exemple en petit dans la formation des pierres météoriques (2), qui sont essentiellement composées de quartz, d'alumine, de magnésie, de fer natif et de soufre.

La chute des pierres météoriques sur la Terre

---

(1) Les Cordilières ont plus de mille lieues de longueur, sur deux à trois cents de large.

(2) Nommées *aérolites* par Mercati, en 1763. Le quartz divisé ou silice s'y trouve dans la proportion de moitié ; celle de la terre alumineuse varie ; mais elles en contiennent essentiellement toutes, ainsi que de la magnésie et du fer, sous forme métallique, mêlé de nickel et de soufre.

Des géomètres du premier ordre ont encore dit à l'Institut, le 22 février 1807, que les pierres météoriques provenaient des volcans, qui sont si multipliés dans la lune.

a eu lieu dans tous les tems : ses élémens sont contenus dans ces globes lumineux qui cessent de l'être après leur explosion.

Si on a peu parlé de ces pierres métallifères et sulfureuses, c'est qu'elles sont vraisemblablement tombées en masses dans des endroits éloignés des hommes. La plus haute antiquité en a cependant fait mention.

Pausanias rapporte que, du tems d'Étéocle, roi de Thèbes, environ treize cent dix-sept ans avant notre ère, il tomba des pierres du ciel. Il dit que les Orchoméniens avaient une vénération particulière pour elles.

Lorsqu'un globe lumineux apparut à l'Aigle en Normandie, le 6 floréal an XI, vers une heure après midi, le tems était serein : on n'observait qu'un seul petit nuage, qui paraît avoir été le berceau de ce globe dont l'explosion fut précédée, pendant cinq à six minutes, d'un bruit roulant. Ce globe dispersa sur la terre deux ou trois mille pierres étincellantes de feu; elles variaient par le poids, depuis une once jusqu'à dix-sept livres.

La pierre météorique tombée à Ensisheim le premier novembre 1692, pesait deux cent soixante livres ; elle fit un trou de trois pieds de profondeur, dans un champ ensemencé de froment, où elle tomba.

Cardan rapporte qu'il est tombé du ciel des pierres dont une pesait douze cents livres, une autre cent vingt livres, et plusieurs du poids de trente à quarante livres.

Le 12 mars 1798, on vit, à six heures du soir, dans les environs de Villefranche près Lyon, à l'est, un corps rond qui répandait la plus vive lumière; il se dirigea vers l'ouest, et produisit un sifflement semblable à celui d'une bombe qui traverse l'air. Ce corps lumineux laissa, dans son trajet, une trace étincelante rouge de feu; il fit explosion à environ deux cents toises de terre, en produisant un grand bruit. Un des éclats embrâsés tomba dans le vignoble de M. Crepi, habitant de Salles, à une lieue et demie de Villefranche. A trente pas de sa chute étaient trois hommes. Cet aérolite était noir et arrondi d'un côté: il avait quinze pouces de diamètre; il pesait vingt-six livres; il fit en terre un trou de vingt-deux pouces de profondeur, dont le diamètre était de dix-huit pouces.

Le feu dont était pénétré cette pierre calcina une partie de la terre qui l'avait reçue, et lui communiqua une odeur qu'elle conserva jusqu'au lendemain.

Le fait suivant fera connaître qu'on s'est trompé en disant que les pierres météoriques sont autant de tems à tomber, qu'on en est à entendre une espèce de sifflement qui dure cinq ou six minutes.

On sait que l'espace que parcourt, dans une minute, un corps grave, équivaut à cinquante-quatre mille pieds. En supposant qu'un aérolite soit six minutes dans sa chute, il en résulterait qu'il aurait parcouru un espace d'environ trois cent vingt-quatre mille pieds ou cinquante-quatre mille toises; ce qui n'est pas probable. Le sifflement qu'on entend me paraît plutôt être le produit de l'effervescence de combinaisons des gaz, dont la réunion forme les pierres météoriques.

Me promenant, dans le mois de juillet 1771, vers les onze heures du soir, dans le Jardin des Plantes avec M. Thouin, le ciel étant très-serein, un bruit sourd et roulant précéda l'apparition d'un globe si lumineux, que rien ne peut lui être comparé. Son explosion fut peu bruyante, et fournit mille éclats, dont un tomba à cent pas de moi dans le grand parterre. Quoique je n'eusse pas d'idée alors de l'émission de pierres par l'explosion de globes lumineux, je courus à l'endroit où j'avais vu tomber ce corps embrâsé. N'ayant rien senti, n'ayant rien aperçu, je me retirai.

De l'apparition de ce globe lumineux à

l'émission de la pierre qui décrivit une parabole, il ne s'écoula pas une seconde.

Lors de ces explosions, il faut qu'il y ait une grande commotion dans l'air; car toutes les casseroles qui étaient suspendues dans ma cuisine se heurtèrent, et effrayèrent à un tel point les domestiques, qu'ils en sortirent, croyant que c'était un tremblement de Terre.

Les pierres météoriques tombées sur les diverses parties du Globe (1) ont le même aspect, sont composées des mêmes substances, sont d'un gris-cendré dans l'intérieur, et offrent des parties grises, brillantes, disséminées, ayant quelquefois une teinte rougeâtre due au nickel. On y trouve aussi de petits globules de la grosseur d'un grain de poivre. Leur couleur est grise; ils ne sont pas attirables par l'aimant. Du fer ductile s'y trouve aussi en morceaux irréguliers, qui ont quelquefois une ligne et demie de diamètre. Il s'étend facilement au laminoïr.

Ce n'est qu'après avoir été sciés et polis qu'on peut juger que le fer qui se trouve dans

---

(1) On voit, dans l'Académie de Saint-Pétersbourg, une pierre météorique qui tomba, le 15 mars 1807, dans le cercle d'*Inchenow*, gouvernement de *Smolensko*, en Russie.

les aérolites est doué du brillant métallique, et qu'on peut reconnaître la manière dont il est dispersé. Si on use ces pierres sur un grès sans émeri, le fer se présente avec des aspérités irrégulières, parce que le grès en a séparé la gangue.

La surface des pierres météoriques est couverte d'une espèce d'émail noir, terne, d'environ un tiers de ligne d'épaisseur. Cet enduit provient de la vitrification d'une partie du fer que cette pierre contient, vitrification opérée par une forte électricité qui brûle, calcine et vitrifie le métal qui est à la surface de ces pierres, qui tombent en grosses masses lorsqu'elles n'ont pas éclaté par l'effet d'une forte électricité.

On voit, dans le Cabinet de Vienne en Autriche, une masse de fer ductile de forme triangulaire, qui offre des cavités ou cellules arrondies. Son poids est de soixante et onze livres. Ainsi que les pierres météoriques, elle s'échappa d'un nuage le 26 mai 1751. Sa chute fut précédée d'une forte détonnation, accompagnée d'une fumée noire.

Il paraît que la masse de fer ductile, pesant quatorze cents livres, qui fut découverte en Sibérie par le célèbre Pallas, a aussi une origine météorique; elle offre, ainsi que celle de Vienne, des cellules à cavités arrondies, tapissées d'une matière vitreuse jaunâtre. Ce fer, extrêmement ductile, contient, d'après l'analyse de Klaproth, trois livres de nickel par quintal.

Si, comme Cardan l'avance, il est tombé des aérolites qui pesaient douze cents livres, il est probable que la masse de fer ductile, pesant quatorze cents livres, trouvée en Sibérie, a aussi une origine météorique. Ce qui concourt encore à confirmer cette vérité, c'est que les hommes ne sont pas encore parvenus à obtenir du fer ductile par la réduction des mines de ce métal, qui a besoin d'être affiné et forgé pour devenir ductile.

Il est des circonstances où l'activité du feu atmosphérique qui, réuni, fond le fer et vitrifie en même tems le quartz, doit être d'une force incalculable, puisque ce même fer qui s'est formé et fondu dans l'atmosphère, est plus ductile que celui dû à l'art.

La plus grande partie de la masse solide du Globe me paraît avoir une origine semblable à celle des aérolites. Il y a apparence que l'élévation des montagnes s'est opérée à la manière du *Monte-Nuovo*, qui s'éleva, en 1538, dans une plaine près Pouzzole, à la hauteur de cent cinquante pieds, sur une base de trois mille pieds : ce qui eut lieu dans l'espace de quarante-huit heures, par l'effort d'un volcan qui se manifesta.

La base des chaînes des hautes montagnes fournit des sources d'eau bouillante : telles sont les eaux thermales de Bagnières, etc. dans les Pyrénées ; ce qui indique que ces montagnes sont superposées sur des volcans.

M. Humboldt a observé que, dans la chaîne des *Andes* ou *Cordilières*, les volcans étaient très-multipliés.

Les coquilles fossiles qu'on trouve sur les hautes montagnes, ainsi que des ancres de vaisseau qu'Ovide (1) dit y avoir été trouvées, concourent à prouver que les montagnes sont sorties, par soulévement (2) de la Terre, à travers les eaux des mers.

---

(1) *Vidi ego, quod fuerat quondàm solidissima tellus,*
Esse fretum.
Vidi factas ex equore terras.
Et procul à Pelago, conchæ jacuere marinæ.
Et vetus inventa in montibus ancora summis.

OVIDE.

(2) Plusieurs philosophes de l'antiquité ont avancé que les montagnes s'étaient soulevées du sein de la Terre. Parmi les Modernes, le célèbre Saussure est aussi de cette opinion.

Stenon, Ray et Lazare Moro disent que les souléve-

La masse solide du Globe s'accroît tous les jours par le concours des corps organisés sous-marins, et par la décomposition des végétaux.

Les feuilles des plantes produisent la terre végétale ; les bois, le charbon de terre ; les pyrithes se forment par la décomposition de l'eau séléniteuse et les débris des végétaux ; ce qui a lieu pour les tourbières. Ces matières sont à la fois la cause et l'aliment des volcans, dont les éruptions successives forment des montagnes plus ou moins élevées, tels que l'*Etna* ou *Mont-Gibel* (1), le Vésuve, etc.

C'est dans des terrains planimètres et voisins de la mer (2) que se forment, que s'embrâsent ces feux souterrains qui soulèvent et déchirent la Terre ; d'où sortent des flammes, des matières embrâsées ou fondues par l'ac-

---

mens de la Terre, qui ont donné origine aux montagnes, sont dus à l'effort des feux souterrains.

(1) Les Siciliens ont changé le mot *Etna* en celui de *Gibel*, mot arabe qui signifie une montagne par excellence.

(2) Le sel marin qu'elle contient, fournit, en se décomposant, l'alkali qui détermine la vitrification du quartz, de la terre calcaire et martiale qui constituent les laves.

tion du feu excité, entretenu par les pyrithes, l'eau, l'air et le charbon de terre.

L'Etna, qui est la plus haute montagne de la Sicile, s'est formé par des éruptions successives, dont l'immensité effraie l'imagination, puisque cette montagne a plus de trente lieues de circonférence à sa base, sur une élévation de dix-sept cent douze toises (1).

L'Etna a rejeté des laves, dont quelques-unes ont dix lieues d'étendue, cinq de large, sur près de soixante pieds d'épaisseur.

Le sein de la Terre offre des abîmes proportionnés à l'immensité des matières qui ont fourni ces laves; ainsi l'excavation est proportionnée à la hauteur et à la circonférence de l'Etna.

Lorsqu'un tremblement de Terre déchire et fait effondrer une partie des voûtes de ces abîmes, le désastre est proportionné à l'espace où il se fait éprouver.

Le tremblement de Terre que l'Etna fit éprouver en 1693, engloutit quarante-neuf villes ou villages. Plus de cent mille ames disparurent.

Catane fut plusieurs fois renversée et rebâtie.

---

(1) D'après l'évaluation du célèbre Saussure.

Si, malgré les dangers menaçans qu'éprouvent les habitans des villes bâties sur l'Etna, on ne cesse de les habiter, c'est que les terrains de cette montagne sont d'une fertilité étonnante, et que les vignes qu'on y cultive au midi produisent les meilleurs vins. La végétation qui se produit au nord de l'Etna est si forte, qu'on y voit des forêts de châtaigniers monstrueux, puisqu'il y en a un qui a quarante-huit pieds de diamètre ; ce qui représente près de cent cinquante pieds de circonférence.

L'Etna paraît avoir commencé par être un volcan soumarin, puisque sa base offre des basaltes prismatiques, et, dans quelques endroits, des amas de coquilles. La mer s'étant retirée par la subversion de l'équateur, l'Etna aura recommencé ses éruptions à l'air libre : c'est alors qu'il a produit les laves de différente nature, auxquelles cette montagne doit sa naissance et son accrétion.

Parmi ces laves il y en a eu dont la coulée était si lente, qu'elles ne parcouraient pas trente pieds dans l'espace d'une heure ; laves qu'on est parvenu à détourner en faisant des tranchées ; ce qui a réussi pour Catane. Mais il arrive quelquefois que les laves ont une telle fluidité, qu'elles coulent avec la rapidité de l'eau d'un fleuve.

Dans les environs de Naples, le Vésuve a produit des éruptions remarquables, dont Pline nous a retracé les effets. Ce volcan n'a qu'environ dix lieues de base, sur six cent neuf toises d'élévation (1).

Avant son éruption de 79, la première année du règne de Titus, la somma ou montagne du Vésuve était couverte de maisons de plaisance, dont une partie a disparu par l'effet des tremblemens de Terre et sous les éruptions des laves. C'est la submersion opérée par des torrens d'eau salée, vomie par le Vésuve, qui a absorbé plus d'une fois l'eau du port de Naples, laquelle, après avoir été rejetée par le Vésuve, détruisit *Portici*, *Torre del Greco*, et ensevelit plusieurs milliers d'habitans.

Les cendres volcaniques, détrempées par l'eau, ont enseveli Herculanum, située à cinq milles du Vésuve. Ces cendres desséchées forment le tuffa (2) qui recouvre Herculanum,

---

(1) D'après l'évaluation du célèbre Saussure.

(2) Ce qui est employé dans l'architecture sous le nom de *pouzzolane*, est une espèce de *tuffa* des environs de Pouzzole. On en trouve de semblable dans l'Auvergne, le Vivarais, etc.

lequel

lequel varie en épaisseur, puisqu'il y a de ce tuffa qui a jusqu'à soixante et dix pieds, et d'autre cent vingt.

Cet amas de tuffa ou laves boueuses desséchées paraît être le produit de vingt-sept éruptions qui ont eu lieu dans l'espace de dix-sept cents ans. Ces éruptions sont indiquées par de petites couches de terre végétale, qui sont interposées.

C'est au Duc d'Elbeuf qu'est due, en 1720, la découverte d'*Herculanum*, qui fut faite lorsque ce Prince faisait fouiller pour les fondations d'une maison qu'il éleva dans le même lieu où est *Portici*.

Dans l'éruption du Vésuve de 79, ce volcan rejeta, pendant trois jours, une si grande quantité de cendres, que la lumière du jour était à peine sensible.

Pompéi et *Stabia* furent ensevelis sous ces cendres. Agricola rapporte que ces cendres furent rejetées jusqu'à Byzance ou Constantinople, où l'on institua une fête annuelle en mémoire de cet événement. A ces cendres, à ces éruptions boueuses succédèrent des laves solides, lesquelles, en sortant par les flancs du volcan, offraient des torrens et des cascades de matières fondues et brûlantes; ce que Virgile a bien exprimé par ces vers :

Vidimus undantem ruptis fornacibus AEtnam,
Flammarumque globos, liquefactaque volvere saxa.

Le Vésuve, aprés avoir été en activité plus de mille ans, s'éteignit pendant environ cinq cents ans : durant ce tems, son cratère, qui avait alors cinq milles de circonférence et environ mille pieds de profondeur, s'était couvert de bois sur les côtés, et était peuplé de sangliers. Le fond offrait une plaine où paissaient les animaux. Le Vésuve était alors ce qu'est à présent *Astruni.*

Quelquefois les cratères d'anciens volcans se remplissent d'eau, et deviennent lacs : telle est l'origine des lacs *Nemi*, *Agnano* (1), *Regilla*, d'*Albano*, de *Bolsena.*

Un des plus anciens volcans est *Stromboli*, situé à trente milles de Lipari en Sicile. Il rejette, de demi-quart d'heure en demi-quart d'heure, à plus de cent pieds de hauteur, des pierres embrâsées, accompagnées d'une bouffée de flamme rouge.

Après l'Italie, il paraît que c'est l'Islande qui offre la plus grande quantité de volcans,

---

(1) L'eau de ce lac est alkaline, et verdit la teinture bleue des violettes. Près de ce lac est la fameuse Grotte-du-Chien, si connue par son méphitisme, qui asphyxie tous les êtres vivans qui entrent dans son atmosphère.

parmi lesquels l'*Hécla* est le plus remarquable, tant par sa hauteur que par la qualité de la lave ou émail noir qu'il a rejeté. Ses éruptions ne sont pas fréquentes, puisque l'on n'en compte que dix dans l'espace de huit cents ans, et qu'il a été en repos pendant cent soixante-neuf ans.

L'Histoire fait mention d'une de ses éruptions qui a continué pendant six mois. L'Hécla est à présent dans l'inaction, quoiqu'il sorte des sources d'eau chaude de cette montagne.

L'intensité des feux de l'Hécla et des autres volcans qui l'avoisinent, est plus considérable que celle des volcans d'Italie, puisque ces derniers ne produisent point d'émail noir, mais des laves aisées à fondre, qui fournissent un émail semblable à la pierre obsidienne (1) de l'Hécla.

Si dans les contrées hyperboréennes de l'Islande les volcans sont si multipliés, il faut

(1) Nom que les Romains ont donné à cet émail de volcan, qui leur fut apporté par *Obsidianus*. Cet émail est encore connu sous les noms d'*agate noire d'Islande*, de *pierre de Galinace* et d'*argent des morts*, parce qu'on a trouvé, dans les tombeaux des *Incas*, des miroirs faits avec cet émail.

qu'il s'y trouve une prodigieuse quantité de charbon de terre.

Il faut donc que, dans les tems les plus reculés, cette zône glaciale ait joui d'une température différente, et propre à une végétation active et vigoureuse, puisqu'on trouve, dans l'Islande, des troncs de bois fossiles d'un diamètre considérable.

De toutes les contrées du Globe, l'Islande est celle qui offre les phénomènes les plus étonnans.

Du flanc des montagnes sortent des fleuves inattendus, tandis que d'anciennes rivières se dessèchent.

Les aurores boréales colorent la neige en rouge-vif. Souvent, pendant la nuit, la Terre, enveloppée d'un réseau de flamme, est frappée d'éclairs continuels : la Terre gronde sourdement sous les pieds des voyageurs. Les animaux font alors entendre des gémissemens plaintifs, pronostics des tremblemens de Terre qui sont plus fréquens en Islande et moins funestes que dans les pays méridionaux, parce que l'eau, mise en expansion par le feu des volcans, s'échappe par des issues qui offrent des jets d'eau bouillante et jaillissante par intermittence. M. Troil en a compté cinquante dans l'espace d'environ une demi-lieue.

Mais c'est la source jaillissante nommée *Geyser* qui a offert, à l'observateur suédois, l'effet le plus remarquable. L'élévation de sa gerbe (1) d'eau bouillante est précédée par un bruit semblable à celui que produiraient des coups de canon qui se succéderaient : immédiatement après, une gerbe de cinquante pieds de diamètre s'éleva à quatre-vingt-douze pieds de hauteur, et les cinquante fontaines adjacentes jaillirent en même tems. Cet effet intermittent est dû à des gaz, lesquels, dilatés par la chaleur, compriment l'eau assez fortement et assez rapidement pour déterminer son ascension verticale.

Quand l'eau s'introduit dans le foyer des volcans, elle soulève, divise les matières en fusion, qu'elle entraîne avec elle lorsqu'elle entre en expansion ; ce qui produit les cendres volcaniques, et les laves boueuses qui

---

(1) Le *Macalouba*, montagne des environs de *Girgenti*, produit, dans l'automne, des gerbes d'eau qui s'élèvent à plus de deux cents pieds trois ou quatre fois en vingt-quatre heures. Ces éruptions aqueuses sont précédées de tremblemens de Terre et de bruit souterrain, comparable à celui du tonnerre. Cette eau est chargée d'argile grise. Quelques-unes des sources jaillissantes d'Islande entraînent de l'argile rouge, à laquelle les prétendues pluies de sang doivent leur couleur.

sont les seules matières rejetées par les volcans neptuniens ou soumarins. Ces matières s'accumulent sous l'eau, et y restent, sous forme de vase, jusqu'à ce que quelque subversion ait opéré l'épanchement des eaux ; alors cette lave boueuse se dessèche, se gerce verticalement, et offre des colonnes ou prismes polygones qui n'adhèrent que peu entre eux, et dont les diamètres varient depuis quatre pouces (1) jusqu'à cinq pieds. Ces prismes, quelquefois articulés, sont connus sous le nom de *basaltes*.

Le comté d'*Antrim* en Irlande offre un amas de ces prismes au nombre de trente mille. Cet amas a été désigné sous les noms de *Pavé* ou *Chaussée des Géans*.

On trouve, à trente lieues nord-ouest, en Ecosse, la fameuse grotte de *Fingal* (2), dans

(1) Les basaltes de l'île de Pontza ont depuis deux pouces jusqu'à quatre de diamètre, sur cinq à six pouces de longueur. Leur teinte est grisâtre, parce que le sel de l'eau de la mer qui les baigne, a enlevé le fer qui colore les basaltes.

(2) Fingal régna en Écosse dans le troisième siècle. Il fut père d'Ossian, fameux par ses exploits et ses poésies, dans lesquelles il chanta les guerriers de son tems, et particuliérement son fils *Oscar*, qui avait été tué en trahison.

Malvina, veuve de ce fils, apprenait par cœur les vers

l'île de *Staffa*. C'est un des plus beaux monumens de la Nature. Cette grotte a trois cent soixante et onze pieds de long, cent quinze de hauteur, et quatre-vingt-un de large. Son sol, où l'on arrive par mer, est couvert d'un pied d'eau. Les prismes de basalte dont l'assemblage forme cette grotte, ont cinq pieds de diamètre.

L'île de Staffa, qui a trois milles de circonférence, est formée de prismes de basalte qui portent une masse solide de rocher d'un mille de longueur, et d'environ soixante pieds d'épaisseur.

La mer ayant couvert, plus d'une fois, la Terre que nous habitons, il n'est pas étonnant de voir l'île de Staffa composée de basalte. Elle a été, à une époque inconnue, semblable à ce que nous offrent les contrées basaltiques du Vivarais et de l'Auvergne (1), qui ne représentent, à ciel ouvert, les chaussées basaltiques que parce que la mer où

---

d'Ossian qui était devenu aveugle, et les transmettait à ses contemporains.

(1) M. de Malesherbes a fait connaître le premier ces basaltes. Cet homme *divin* m'honora de son amitié, et me fit don d'une partie de son Cabinet. Je desirerais avoir assez d'éloquence pour peindre dignement ses vertus, sa bienfaisance, sa magnanimité.

elles se sont formées, s'est retirée par la subversion du Globe.

Ce que les volcans ajoutent à la surface de la Terre, est en moins dans son sein; de sorte qu'il s'y trouve des cavités, des abîmes immenses qui s'entr'ouvrent lors des tremblemens de Terre qui sont dus à l'eau, qui, entrant en expansion par le feu, exerce un effort, une puissance telle qu'elle soulève et ébranle les terrains, bouleverse les continens, et produit ces catastrophes terribles qui font disparaître des cités entières et leurs habitans: témoin la ville d'Antioche en Syrie, qui fut ensevelie, par un tremblement de Terre, avec deux cent cinquante mille habitans, l'an 480, la septième année du règne de Justin.

En 1797, cent cinquante mille hommes, de toutes couleurs, furent ensevelis, par un tremblement de Terre, dans la vallée de *Quitto*.

Messine fut culbutée, par un tremblement de Terre, le 5 février 1783. Toute la Calabre s'en ressentit: des goufres s'ouvrirent de toutes parts, engloutirent des rivières, ensevelirent des villes entières. Deux mille cinq cents habitans de Scilla quittèrent leur ville pour se rendre sur les bords de la mer, où ils furent engloutis; la ville n'éprouva aucun désastre.

En 1805, le Vésuve se montra dans toute

son activité, qui commença par un tremblement de Terre, dont le ravage se fit sentir dans le comté de Nolise, où plusieurs villes et villages ont été presqu'entiérement détruits. Il y périt environ trente mille personnes.

L'île Santorin, nommée *Callista* par les Grecs, mot qui signifie *très-belle*, fut engloutie par un tremblement de Terre. Il se peut que l'Atlantide (1) ait disparu de la même manière.

La quantité de combustible qui sert d'aliment aux feux presqu'éternels des volcans, est incommensurable, et la Terre en recèle des dépôts immenses et intarissables : telles sont les mines de charbon en Angleterre, dont il y a des galeries qui s'exploitent sous la mer même.

Les mines de charbon de terre sont aussi très-abondantes en France et dans presque toutes les contrées de l'Univers. Ce bitume doit son origine à la décomposition des bois par le concours de l'acide vitriolique (2).

(1) Platon, dans son *Timée*, a parlé des îles Atlantiques de manière à ne laisser aucun doute sur leur existence. Les lettres que le célèbre et trop malheureux Bailly a publiées à ce sujet, sont conformes à l'opinion de Platon.

(2) J'ai mis, dans un bocal bien couvert, du bois de

Combien n'a-t-il pas fallu de débris de forêts pour constituer ces mines de charbon ?

On sait que les lieux inhabités offrent des forêts immenses. Le Père Charlevoix rapporte qu'il a vu le fleuve du Mississipi entraîner une si grande quantité de bois, qu'un seul de ses entassemens remplirait tous les chantiers de Paris. Il dit que, dans l'espace de deux cents lieues, ces entassemens se trouvent très-multipliés.

Il n'est pas facile d'assigner depuis combien de millions d'années ces bois, convertis en bitume, sont ensevelis en terre, puisqu'ils sont souvent recouverts de trois ou quatre cents pieds de schistes ou de pierres arénacées, où l'on trouve des impressions de fougères et de roseaux d'Amérique, qui sont communes dans les mines du Forez, etc.

Les volcans, comme je viens de l'exposer, n'ajoutent rien à la masse de la Terre, mais à sa surface.

L'Auteur des Mondes a employé des ani-

---

chêne en macération dans de l'acide vitriolique concentré. Ce bois a noirci, et s'est charbonné. Quelques mois après il fut réduit en une pâte noire et molle, laquelle, ayant été bien lavée et desséchée, offrit un combustible qui approchait du charbon de terre.

maux presqu'imperceptibles pour concourir à l'augmentation de la masse solide du Globe, dont les madrépores, qui sont des ruches ou habitations pierreuses de polypes, sont une des bases, ainsi que les habitacles testacés des molusques. C'est de la dissolution de ces corps organisés que se forment les pierres calcaires (1).

L'acide produit par la décomposition du réseau cartilagineux de ces corps organisés forme, avec les terres absorbantes et magnésiennes, la pierre calcaire qui se trouve dégagée, par cette même dissolution, de l'argile et des autres corps étrangers.

L'argile, plus connue sous le nom de *terre glaise*, de *terre à foulon*, offre des bancs ou carrières d'une grande épaisseur, qui se trouvent ordinairement sous les carrières calcaires. Cette argile est à peu près formée des

---

(1) Sel insoluble dans l'eau, formé de terre animale absorbante et d'acide igné, que Mayer a nommé *acidum pingue*. Cet alkali terreux a été nommé, par les oxiphiles, *carbonate de chaux*. Cependant il ne contient ni chaux ni acide méphitique ou *carbonique*, et cette pierre ne passe à l'état de chaux que lorsque le feu a détruit la matière grasse qu'elle contient, et mis presqu'à nu l'acide igné caustique; de sorte que la chaux vive ne fait pas effervescence avec les acides.

mêmes principes que les schistes ou ardoises, mais elle en diffère parce qu'elle se délaie dans l'eau.

Le schiste se forme également, dans les eaux de la mer, par les déjections des poissons et la destruction de leur tissu musculaire. On trouve, dans quelques ardoises, des arêtes de poissons, et, dans d'autres, leurs impressions pyriteuses.

Le schiste a une couleur bleuâtre plus ou moins foncée. Les carrières immenses de cette pierre, qui ont quelquefois quatre à cinq cents pieds de profondeur, peuvent avoir exigé des milliards d'années pour se former.

La partie calcaire, dans les marbres, n'a pas éprouvé la même épuration que la pierre calcaire; aussi y rencontre-t-on des coquilles et des madrépores où l'organisation est encore complète; aussi ces marbres sont-ils presque toujours mêlés d'argile, de stéatite, de schiste, de quartz et de chaux de fer diversement colorés.

Lorsque la partie calcaire a été enlevée à ces marbres par de l'acide méphitique, l'eau charrie cette dissolution qui se décompose par le concours de l'air, et donne naissance à des concrétions calcaires pures, susceptibles du poli.

C'est ainsi que se sont formés, par transport, les marbres blancs, bleus et noirs; marbres dans lesquels on ne rencontre plus de vestige de corps organisés.

Les animaux dont on trouve les pétrifications, appartiennent aux régions équatoriales, ainsi que les coquilles fossiles blanches rendues friables par la décomposition que le tems a fait éprouver à leurs réseaux cartilagineux.

Ces archives de la Nature confirment que la Terre a éprouvé des subversions qui peuvent avoir eu lieu par le choc de quelque comète d'un volume au moins égal à celui de la Terre : alors l'axe et le mouvement de rotation changent, et les mers abandonnent leurs anciens bassins pour se précipiter vers le nouvel équateur.

Les hommes comptent jusqu'à présent près de cent comètes dont la marche et le retour ne leur sont pas connus. Ces astres vagabonds sont peut-être des millions d'années dans leur course.

Les bancs ou lits de diverses espèces de pierres superposées font connaître la station des mers, à différentes époques, sur notre Continent; mais quel a été le tems de leur séjour ? C'est ce qu'il est impossible d'apprécier, puisque l'épaisseur de ces dépôts varie, et qu'il a peut-être fallu plusieurs millions d'années pour les former.

L'homme, dont la station sur la Terre n'est guère de plus d'un siècle, voit des millions d'années comme des termes extravagans. Mais qu'est-ce que sont des millions d'années quand il est question de l'éternité ?

La moindre montagne fournit à l'observateur un exemple sensible des séjours que la mer a faits, à différentes reprises, sur nos Continens. Je prends pour exemple la montagne de Meudon près Paris. Son sommet offre un banc de sable d'une vingtaine de pieds d'épaisseur ; il est superposé sur une carrière de pierres calcaires de près de quarante-cinq pieds ; celle-ci repose sur un banc d'argile de dix à douze pieds, sous laquelle se trouvent des carrières de craie qui ont près de cinquante pieds de profondeur.

On trouve dans cette pierre calcaire, qui est mêlée de magnésie, des noyaux de la plus grande espèce de vis, puisqu'il y en a qui ont plus d'un pied de longueur. L'argile de cette montagne ne contient pas de corps organisés ; elle paraît s'être précipitée lorsque la dissolution des madrépores et des coquilles s'est faite pour donner naissance à la pierre calcaire.

On trouve dans la crayère des noyaux d'étuis de bélemnites, en albâtre calcaire jaunâtre, et des oursins dont le test est à l'état de spath calcaire blanc, et l'intérieur en silex d'un gris-noirâtre.

C'est donc à trois époques différentes que s'est formée cette montagne.

Les collines opposées de l'autre côté de la rivière sont formées de gypse ou pierre à plâtre, superposées sur des carrières calcaires.

J'ai trouvé, dans la colline gypseuse de Montmartre, un tronc d'arbre pétrifié en quartz (1). M. Cuvier a fait connaître que les ossemens qu'on trouvait à Montmartre, appartenaient à des animaux des contrées équatoriales.

A l'opposé de ces collines gypseuses, de l'autre côté de la Seine, se trouvent des collines de sablon très-blanc, et des carrières de grès qui s'étendent à plusieurs lieues. La forme rhomboïdale régulière que quelques-uns de ces grès affectent, et la terre calcaire que

---

(1) Ces couches ligneuses étaient exfoliées et tapissées de petits cristaux de roche réguliers, en prismes héxaèdres, terminés par des pyramides à six pans. C'est le seul bois où j'en ai rencontré.

ceux-ci recèlent dans la proportion d'un tiers, donnent lieu de croire que le spath calcaire leur a servi de base ; ce qui me paraît vraisemblable, puisque j'ai du spath calcaire pur qui accompagne ces grès.

Le grès est congénère du cristal de roche, qu'on doit considérer comme le quartz le plus pur. Celui qu'on trouve dans les cavités de nos montagnes est souvent d'une belle eau, mais ces cristaux ne sont pas volumineux.

C'est à Madagascar où l'on trouve des carrières de cristal, dont on détache des blocs de six pieds de long, sur quatre de largeur et d'épaisseur. Il renferme du mica cristallisé en lames héxaèdres, et de beaux prismes de titan rouge.

Le quartz est une des parties constituantes du granit, roche composée de feldspath, de mica et de schorl. On rencontre, dans quelques-uns, des pierres gemmes (1) de différente nature, tels que le béril, la topaze, etc.

---

(1) On a trouvé, en Sibérie, des bérils en grands cristaux, dont quelques groupes pesaient plus de cent livres. Je ne doute pas que le diamant ne se trouve un jour en masses au moins aussi fortes ; car ceux qu'on ramasse, se trouvent dans des terrains d'alluvions, et qu'il n'y a eu que les petites portions de cette pierre qui ont pu être charriées par les eaux.

Les

Les roches porphyroïdes recèlent de petits cristaux de feldspath, disséminés dans du schorl en roche de différentes couleurs, auxquels on donne des noms relatifs, tels que ceux de *porphyre*, de *serpentin*, *etc.*

Ces pierres, dont la dureté est extrême, la perdent dans le sein de la terre. J'ai des ophites passés à l'état d'argile jaunâtre, où le feldspath (1) cristallisé se trouve disséminé, et a une teinte blanchâtre. Cette argile porphyroïde se trouve au Mans.

Le schorl en roche forme des montagnes entières; il diffère par sa couleur. Celui d'Auberstein, dans le Palatinat, renferme des géodes en agates, qui varient, par leur volume, depuis celui d'un grain de poivre, jusqu'à la grosseur de la tête.

Le jade (2), qu'on ne croyait propre qu'à l'Amérique méridionale, se trouve aussi en Europe, où il sert de base à la pierre qu'on nomme *verde corsico*.

Les pierres ollaires, qui ont tiré leur nom de l'emploi qu'on en fait pour en tourner des

---

(1) Le feldspath ou pétuntzé produit, en se décomposant, le kaolin.

(2) Le jade, connu sous les noms de *pierre des Amazones* et de *pierre néphrétique*, est la base du pavé de Bruxelles.

pots et des marmites, forment des montagnes entières. Celle de Côme est la plus renommée (1).

La pierre ollaire de Corse est verdâtre, demi-transparente. Celle de Bretagne, près Saint-Brieux, est verdâtre et mêlée de traits et de taches noires ; elle est connue sous le nom de *serpentine*. Ces diverses pierres ollaires sont imperméables, susceptibles du poli, et acquièrent de la dureté au feu, où elles deviennent blanches.

Toutes les espèces de pierres dont je viens de parler ne servent point de gangue aux substances métalliques que la nature a déposées en certaines contrées de la Terre, et en bien plus grande quantité dans les unes que dans les autres.

Le fer et le cuivre se trouvent en quantité en Suède ; l'étain en Angleterre ; l'or et l'argent au Pérou et dans quelques contrées de l'Allemagne ; le plomb et le fer en France ; le mercure en Espagne, dans le Palatinat, etc.

MM. Humboldt et Bonpland rapportent que, dans la Nouvelle-Espagne, les riches

(1) Les Romains l'ont exploitée, et tournée pour faire des ustensiles de cuisine ; les Grisons l'emploient encore au même usage.

mines d'argent gîtent presque vers le sommet des hautes montagnes, près des neiges éternelles qui les couvrent, telles que les mines du Potosi, de Pasco et de Chota, tandis qu'au Mexique les filons d'argent les plus riches, comme ceux de Guanaxuato, de Zacatecas, de Tusco et de Real del Monte, se trouvent à la hauteur moyenne de dix-sept cents à deux mille mètres.

M. le Marquis de Fagoaga, dans le district de Sombrette, a retiré vingt millions de francs de l'exploitation d'une de ses mines, dans l'espace de six mois.

Dans nos contrées septentrionales, les mines d'argent se trouvent profondément en terre.

Albinus rapporte, dans la *Chronique des mines de Misnie,* qu'on trouva, en 1478, à Schneiberg, un bloc d'argent vierge pesant quatre cents quintaux; il dit que le Duc Albert de Saxe descendit dans la mine pour voir ce morceau surprenant, et se fit servir à dîner sur cette masse d'argent.

On trouve, dans le sein de la Terre, de l'or en masses irrégulières qu'on nomme *pépites;* mais leur volume est bien inférieur à celui de l'argent natif.

Le Père Feuillée dit avoir vu une pépite d'or pesant soixante-six marcs.

Réaumur en cite une du poids de cinquante-six marcs. Il y en avait une, dans le Cabinet de l'Académie des sciences, du poids de dix-sept marcs : elle fut donnée au Musée des Plantes, qui s'en dégagea en faveur d'un marchand autrichien, avec lequel il fit des échanges.

Toutes les productions du règne minéral doivent être considérées comme des combinaisons salines, dont les molécules ont été rapprochées par une évaporation lente où l'attraction élective a eu lieu, puisque la plupart des pierres nous offrent des polyèdres distincts dans les granits mêmes.

Quoique les hommes aient assigné une priorité de création à un genre de pierre plutôt qu'à un autre, il est difficile de prononcer. Quant à moi, je pense que presque tout ce qui constitue notre Globe, ainsi que le reste de l'Univers, a été le produit subit et incompréhensible de la puissance qui a tout créé, et qui a cependant mis de l'économie dans ses œuvres, puisqu'elle a fixé l'évaporation de l'eau jusqu'à une certaine hauteur dans l'atmosphère, et qu'elle a rendu la plupart des pierres imperméables, afin que l'eau ne s'infiltrât point.

J'ai fait connaître, dans cette dissertation,

que les bois, par leur altération et leur passage à l'état de charbon de terre, ont concouru à l'accrétion de la masse solide du Globe; mais je n'ai point parlé de la terre fournie par l'altération des feuilles des arbres, et de la tige herbacée des semences céréales qui donnent naissance à la terre végétale ou *humus* qui se trouve à la surface du Globe. Je n'ai pas non plus parlé de l'altération des végétaux, dont la macération dans l'eau donne naissance aux tourbes. C'est ce dont je vais m'occuper, ainsi que de la décomposition terreuse des substances animales, puisque tous ces débris concourent à l'accrétion de la Terre.

La chute des feuilles des arbres a lieu annuellement dans tous ceux qui ne sont pas résineux. Si elles sont rassemblées en tas, elles ne tardent pas à s'échauffer par la fermentation produite par un reste de sève. Elles brunissent, perdent leur forme, et passent à l'état d'une matière pulvérulente grossière d'un brun-foncé, qu'on nomme *terreau de feuilles*.

Les jardiniers qui avoisinent les grandes villes où les primeurs sont toujours payés fort cher, savent s'en procurer en hâtant la végétation par un moyen économique et industrieux, à l'aide duquel ils équivalent à la chaleur des serres. Pour cet effet, ils prennent la litière qui résulte de la paille peu altérée; ils en forment des parallélipipèdes de quatre pieds de large, sur trois de haut, dont la longueur est de trente ou quarante pieds. Ils recouvrent cette litière de six pouces de terreau qu'ils arrosent : il s'excite, dans peu de tems, une forte chaleur dans ces couches. Lorsqu'elle est en partie tombée, on sème sous cloche : une douce chaleur tempère le froid de la nuit, ajoute à celle du jour; ce qui hâte la végétation.

Au bout de six mois la litière se trouve convertie en terreau. Le tems, aidé de l'eau, de la chaleur et de l'air, détruit les restes du tissu végétal : il en résulte une terre brune-foncée plus compacte que le terreau : tel est l'*humus* (1), qui doit sa couleur brune au fer phlogistiqué par le moyen de l'huile qui s'est

(1) Un Suédois justement célèbre, Olaüs Rudbeck, dit que la terre végétale n'a que huit pouces d'épaisseur sur les terrains planimètres qui n'ont point été habités depuis le déluge, et qui ont été couverts de bois depuis ce tems. Il dit que cette terre croît d'un cinquième de pouce tous les cent ans, par conséquent d'un pouce en cinq cents ans, et qu'il a fallu quatre mille ans pour produire les huit pouces de terre végétale.

décomposée, dont l'acide igné s'est combiné avec l'alkali fixe pour former le quartz divisé qu'on retire de l'humus, en le délayant dans de l'eau qui se colore en brun par l'argile qu'elle tient suspendue, laquelle se précipite lorsqu'après avoir décanté cette eau, on la laisse reposer. L'argile s'est formée lors de la terrification ; car elle n'existait pas en nature dans les substances végétales.

Si on torréfie l'humus et qu'on passe dedans un barreau aimanté, il se trouve hérissé de petites portions de fer attirable.

On détermine la portion culdor contenue dans l'humus, par la scorification et la coupellation.

Ces métaux, ainsi que les terres, principes des végétaux, se sont formés de la modification des principes qui constituent l'atmosphère. L'air, la lumière, le calorique, l'électricité et l'eau concourent simultanément à la formation de la sève qui se modifie, et donne naissance aux huiles, aux résines, aux gommes, etc.

La terre n'introduit rien de sa substance dans les végétaux ; ce qui est prouvé par une expérience de Vanhelmont. Il mit dans une caisse cent livres de terre ; il y planta un saule pesant cinquante livres ; il couvrit la caisse avec une plaque d'étain ; il arrosa la terre avec de l'eau pure : au bout de cinq ans l'arbre pesait cent soixante-neuf livres trois onces ; la terre n'avait perdu que deux onces.

La végétation des oignons que l'on met dans des caraffes avec de l'eau pure, confirme cette théorie.

Ces faits font connaître que la terre ne fournit rien pour l'accrétion des végétaux, et qu'il suffit qu'elle soit propre à empêcher l'évaporation trop rapide de l'eau qui l'a pénétrée, effet que produit l'argile contenue dans l'humus ; mais si elle dominait dans un terrain, le retrait qu'elle éprouve en se desséchant, comprime trop les vaisseaux de la tige herbacée qui se fane et périt ; aussi préfère-t-on, pour la germination des plantes délicates, la terre de bruyère qui est presqu'arénacée.

L'expérience a appris qu'il fallait alterner les terrains propres à la culture des semences céréales.

Le célèbre Brugman a fait connaître que les plantes se débarrassaient de sucs impurs par déjection, comme les animaux (1). Ce

---

(1) *Plantas animalium more, cacare primus exploravit vir inde fessus Brugmanus.* Humboldt, dans ses *Aphorismes.*

physicien, ayant mis du *raygrass* dans un vase transparent plein d'eau, vit chaque jour, à l'extrémité des racines, une gouttelette d'une matière visqueuse qui s'était séparée pendant la nuit; il la détachait, et le lendemain il s'en trouvait une autre.

Si les déjections d'une même espèce de plantes nuisent aux plantes de la même famille, elles servent d'engrais à d'autres. Par exemple, un champ, fatigué de rapporter du trèfle, étant ensemencé de froment, en donne une abondante récolte.

Les matières stercorales (1) des hommes, qui sont panivores et carnivores, se modifient, par la dessiccation, en un terreau végéto-animal inodore employé de tout tems à la Chine, et qu'on prépare en grand aujourd'hui dans les voiries où l'on rejette la gadoue des grandes villes. Le sol en est pavé, et offre une pente douce qui procure l'écoulement du fluide. La matière fécale s'échauffe, se dessèche et brunit : c'est afin de lui faire

---

(1) La matière fécale doit son odeur et sa couleur jaune aux foies de soufre qu'elle contient, desquels s'exhale du gaz hépatique inflammable.

MM. Thaert et Einhof, auxquels on doit l'analyse de la matière fécale, ont reconnu que son goût était douceâtre, fade, un peu amer.

présenter de nouvelles surfaces, qu'on la divise avec la herse : on achève la dessiccation en la mettant sous des hangards, où elle s'échauffe encore; on finit par la passer au moulin, d'où elle sort sous forme d'une poudre brune, inodore, qu'on nomme *poudrette* (1).

L'analyse m'a fait connaître qu'elle contenait, par quintal :

Terreau végétal	16 liv.
Matière animale élaborée par la putréfaction	16
Sels vitriolique et marin à base calcaire	2
Terre calcaire	36
Quartz	17
Fer	1
Perte par la calcination.	12
	100

(1) Il n'est pas nécessaire que les matières qu'on emploie comme engrais éprouvent la putréfaction ; il suffit qu'elles puissent empêcher la terre de se tasser, et qu'elles retiennent l'eau qui les a pénétrées ; ce qui empêche les racines de se dessécher : aussi emploie-t-on, avec le plus grand succès, dans tout le Forez, les rognures de cornes de bœuf et de bélier pour servir d'engrais. On revend de ces rognures, à Saint-Etienne, pour plus de douze mille francs par an.

Les plantes annuelles qui croissent dans les marécages, ont la tige plus spongieuse que les autres; elles se flétrissent plus promptement, tombent dans l'eau après leur fructification, y éprouvent une macération qui les réduit en une pâte d'un brun-noirâtre, laquelle, après avoir été coupée en parallélipipèdes et desséchée, est vendue sous le nom de *tourbe*.

L'épaisseur et l'immensité des tourbières sont relatives à la succession des tems qui leur a donné naissance; elles ont quelquefois pour *tectum* des couches de pierres calcaires plus ou moins épaisses; ce qui doit engager les Architectes à sonder, avec la tarrière de montagne, les terrains où ils veulent élever des édifices. L'exemple suivant en fera connaître la nécessité.

On construisit à Méréville, terre appartenante à M. de Laborde, un magnifique pavillon qui fut englouti avec les décorateurs qui le terminaient. Cette catastrophe a eu lieu parce que ce bâtiment, par sa pesanteur, a rompu la croûte calcaire qui couvrait une tourbière très-profonde.

J'en ai vu de cette espèce dans les environs de Noyon, qui avaient plus de soixante pieds d'épaisseur. La tourbe pyriteuse dont elles étaient formées, étant exposée en tas à l'air, s'y embrâsait, propriété qu'elle tenait de la quantité d'eau dont elle était pénétrée; ce que j'ai reconnu en distillant cette tourbe. Son analyse m'a donné lieu à l'expérience du volcan artificiel que je fais en mêlant huit onces de limaille de fer avec une égale quantité de fleurs de soufre et douze onces d'eau. Le tout mis dans une assiète creuse, s'échauffe, se boursoufle, absorbe l'eau qui s'exhale, par un cratère, sous forme de vapeurs brûlantes, auxquelles l'inflammation du soufre succède.

Lorsque, par une grande sécheresse, l'eau des tourbières s'exhale, elles s'embrâsent, et peuvent causer l'incendie des forêts; ce qui a eu lieu en 1801, dont l'été et l'automne ont été, dans tous les pays, d'une sécheresse sans exemple: il y eut, l'hiver qui avait précédé, à deux reprises, des inondations inouies dans toute l'Europe.

La tourbe de Hollande diffère essentiellement de celle de France. C'est une espèce de *tan* produit par l'altération et la décomposition des pilotis, *tan* qu'on retire à la drague. On délaie cette tourbe dans des baquets pour en séparer les portions de végétaux qui ne sont pas réduites en pâte, qu'on étend ensuite sur le terrain afin de la faire dessécher. Lorsque cette tourbe a acquis assez de consistance, on la piétine à l'aide d'espèces de sandales, dont la semelle est une planche carrélong ; par cette compressiou on remplit les interstices ou retraits que la première dessiccation aurait produits. La tourbe étant séchée au point qu'on puisse marcher dessus sans l'enfoncer, on la divise après avoir tiré des lignes à quatre pouces de distance, et d'autres à huit : d'où résultent des parallélipipèdes qu'on détache, afin de les faire sécher au soleil après les avoir disposés de champ, et en avoir formé des piles.

Quoique les animaux soient composés de parties molles et charnues, ils ne fournissent presque pas de résidu terreux, comme le prouve le fait suivant.

Un de mes amis ayant été visiter les catacombes (1) de Rome, fit ouvrir un des tom-

---

(1) Les catacombes de Rome sont des galeries profondes en forme de labyrinthe, pratiquées dans un tuf volcanique qui n'a que peu de cohérence. On creusait, dans les parties latérales de ces galeries, un espace qui n'avait que deux ou trois fois l'épaisseur du cadavre qu'on y introduisait. On bouchait ensuite l'entrée avec des dalles de pierres plus ou moins précieuses, et souvent par une brique. Il y avait plusieurs rangs de sépultures dans la même galerie.

Ces catacombes étaient des carrières qui avaient fourni

beaux, où il trouva un squelette au pourtour duquel était une poussière phosphorique grisâtre, de l'épaisseur d'une ligne.

M. Dupuget mon ami la fit ramasser, et reconnut qu'elle conserva, pendant plusieurs mois, cette propriété phosphorique.

La terre ne reçoit donc que très-peu d'accrétion par la décomposition des parties molles des animaux, dont les ossemens restent ensevelis, pendant des siècles, sans perdre leur forme, quoique la partie cartilagineuse s'y soit détruite, et après un tems immémorial on en retire autant d'acide phosphorique que des os frais.

Les animaux sont susceptibles de se décomposer de cinq manières différentes, sans que leur résidu offre de terre propre à la végétation.

Les parties musculaires des animaux se putréfient à l'air libre.

Si elles sont mises dans un vase exactement fermé, elles se changent en un fluide sanguinolent (1); ce qui est opéré par le gaz inflammable qui s'en dégage.

---

aux Romains le *tuffa*, espèce de pouzzolane qu'ils employaient pour leur mortier.

(1) Lorsque les cercueils de plomb où l'on a déposé les

Les muscles et les graisses des animaux enterrés dans le sable des pays chauds, se dessèchent, comme le font connaître les momies du pic de Ténériffe.

Enfin, si les cadavres ont été déposés dans des fosses à huit ou dix pieds en terre, leurs muscles et leur graisse se convertissent en un savon blanc que les fossoyeurs nomment *gras*.

Résumé.

Un des faits le plus propre à confirmer que les chaînes des montagnes se sont élevées, du sein de la Terre (1), sous les eaux des mers, ce sont les riches mines d'argent qu'on trouve, près la cime des hautes montagnes, dans la Nouvelle-Espagne; ce sont les volcans multipliés des Andes.

---

cadavres sont exactement soudés, on y trouve, après quelques années, le squelette dans un fluide sanguinolent. On fait passer promptement une grenouille à cet état quand on l'a introduite dans un flacon rempli de gaz inflammable, comme l'a fait connaître M. Charles, de l'Institut.

(1) La disparition de l'île Santorin et des îles Atlantides, dont les beautés et l'immensité ont été célébrées, font connaître qu'il y a dans le sein de la Terre d'immenses cavités qui les ont englouties.

Les mines ne se trouvent que profondément en terre, comme le prouvent les exploitations de l'Allemagne et des autres contrées. Il en est de même des mines de charbon de terre, et de quelques tourbières qui servent d'aliment au feu des volcans. Mais quelle est la puissance incalculable qui a fait sortir du sein de la Terre ces chaînes de montagnes dont les hauteurs inabordables effraient l'imagination ?

Les feux souterrains qui existent sous les Pyrénées ne peuvent-ils pas nous fournir l'induction, que peut-être la Nature a employé des volcans immenses pour soulever des chaînes de montagnes du sein de la Terre ?

Les coquilles fossiles et les matières calcaires qu'on trouve sur ces monts élevés, indiquent que ces mêmes monts sont sortis du sein de la Terre à travers les eaux des mers.

Quant à la formation des mines d'argent si abondantes dans les montagnes du Pérou, il me paraît qu'elles ont été formées ainsi que les aérolites. En effet, dans la plupart de ces mines l'argent natif y est disséminé dans du quartz, comme le fer métallique l'est dans la pierre météorique.

A ces masses primitives du Globe a succédé et succède son accrétion quotidienne par la destruction des productions marines, qui forment la pierre calcaire, l'argile, les schistes, dans lesquelles on ne trouve point de mines métalliques.

Les collines gypseuses sont d'une formation postérieure à celle de la pierre calcaire qui sert de base à ce vitriol terreux, connu sous le nom de *pierre à plâtre.*

Les charbons de terre qui résultent de l'altération que les bois ont éprouvée, offrent des mines inépuisables, recouvertes par des bancs de schistes ou pierres calcaires très-considérables; ce qui annonce que la formation de ces mines de charbon a eu lieu à des époques si reculées, qu'on ne peut les apprécier.

La terre végétale est en bien petite proportion sur la surface du Globe.

Les volcans ajoutent des montagnes à la surface de la Terre, mais c'est aux dépens de son sein. Ces monts ne recèlent point de mines métalliques.

Quelques scories salines du Vésuve sont parsemées de petits cristaux de fer spéculaire en feuillets brillans. On en trouve de plus considérables en lames héxagones, à bords en biseau, au Mont-Dor, parmi les éruptions volcaniques. Ce fer, ainsi que les mines de l'île d'Elbe, ne jouit pas des propriétés magnétiques, et n'éprouve aucune altération à l'air ni par l'eau.

La mine de fer spéculaire de l'île d'Elbe, qui a été exploitée dans l'antiquité la plus reculée, devrait-elle son origine à quelque grand volcan ?

Virgile définit l'île d'Elbe : *Insula inexhaustis chalybum generosa metallis.*

FIN.

www.ingramcontent.com/pod-product-compliance
Ingram Content Group UK Ltd.
Pitfield, Milton Keynes, MK11 3LW, UK
UKHW021516260726
13993UKWH00004B/1701

9 782329 348803